U0337505

我的第一本
科学漫画书
儿童 **百问百答** 49

荒唐
数学运算

图书在版编目 (CIP) 数据

荒唐数学运算 /（韩）都基成著；沈晓玲译 . -- 南昌：二十一世纪出版社集团，2019.3（2023.12 重印）
（儿童百问百答；49）
ISBN 978-7-5568-3929-2

Ⅰ . ①荒… Ⅱ . ①都… ②沈… Ⅲ . ①数学 – 儿童读物 Ⅳ . ① O1-49

中国版本图书馆 CIP 数据核字 (2019) 第 001572 号

我的第一本科学漫画书·儿童百问百答 49

荒唐数学运算
HUANGTANG SHUXUE YUNSUAN　　[韩] 都基成 / 文图　　沈晓玲 / 译

出 版 人	刘凯军	
责任编辑	陈珊珊	
美术编辑	陈思达	
出版发行	二十一世纪出版社集团	
	（江西省南昌市子安路 75 号　330025）	
网　　址	www.21cccc.com	
承　　印	江西宏达彩印有限公司	
开　　本	720 mm × 960 mm　1/16	
印　　张	11.5	
版　　次	2019 年 3 月第 1 版	
印　　次	2023 年 12 月第 7 次印刷	
书　　号	ISBN 978-7-5568-3929-2	
定　　价	30.00 元	

赣版权登字 -04-2019-33　　版权所有，侵权必究

购买本社图书，如有问题请联系我们：扫描封底二维码进入官方服务号。
服务电话：0791-86512056（工作时间可拨打）；服务邮箱：21sjcbs@21cccc.com。

看趣味问答，进入妙趣横生的科学世界！

科学是人类认识世界、改造世界的工具。我们可以利用科学去了解世界的基本规律和原理。随着人类的发展，科技突飞猛进，很多人们不了解的事情都慢慢得到答案。这就是科学的力量。当然，这必须感谢一代又一代的科学家的不懈努力，是他们引领我们获取科学知识，告诉我们怎样去探索世界。科学探索，首先要具备丰富的知识、敏锐的观察力；其次还需要好学上进的探索精神；最后，还需要一点点好奇心，当你开始去问"为什么"的时候，可能就是你探索世界的开始。

　　在我们的生活中，一个个奇怪又有趣的日常小问题看似简单，但是，其中却常常隐藏着并不简单的科学原理。只要稍微留心一下平时那些容易忽视的事物，我们可能就会产生新的感受和收获。

　　本书以"百问百答"的形式，提出了许多有趣的科学问题，从科学的角度为孩子们普及天文、地理、数学、物理、化学、生物等学科知识，展示出一个丰富多彩的科学世界。这套书不仅能充分调动孩子们的好奇心，还能鼓励和培养孩子们勇于探索的科学精神。好了，现在就让我们跟着书里的小主人公，一起走进广阔的科学世界，去感受科学的奇妙吧！

二十一世纪出版社集团
"儿童百问百答"编辑部

神奇的数的世界

有意思的数学运算

惊奇的数学运算

刺 头

古灵精怪的淘气包。知识丰富，好奇心强。最近沉浸在数学学习的乐趣中，但他大部分时间都还是在惹事。

肥 猫

和刺头一起生活的好吃鬼猫咪。虽然经常被刺头出难题，但偶尔也会让刺头吃吃苦头。经常闯祸，这点和刺头不相上下。

充气人偶

偶像明星

小土狗

小数

生意高手

混合怪物

蛇贩子

$\dfrac{3}{5}$ $\dfrac{1}{2}$ $\dfrac{2}{6}$ $\dfrac{1}{4}$

分数们

神奇的数的世界

数和数字怎么不一样呢？

这样写的话是数字！

但这样写的话是数！

即，数字是数出现时使用的 10 个符号！

并且，数表现出大小、量、顺序等。

数字：0、1、2、3、4、5、6、7、8、9。

数：0个，1只，2点，3米，4克，5厘米，6千克，等等。

挖鼻孔

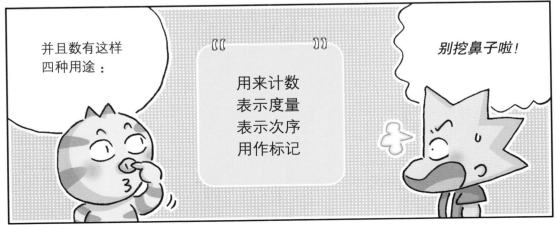

用来计数就是表示物体的个数！

石头 5 块

猪 1 只

表示度量是指衡量时间、长度、宽度、重量和体积等！

30 厘米长

3 时 5 分

表示次序就是表示排列的先后。

跑步第 3 名

哥哥！

第 2 个儿子

用作标记是指表示电话号码或车牌号、地址等事物，是为了区分事物而使用的数。

车牌号 7890

我们班 1 号

提问：这两句话中出现的"3"各有什么意义呢？

公寓 3 栋 3 层。
第 3 家是我们家。

正确答案是：全部都是次序！

错！

为什么是错的？

虽然"3层"和"第3家"是次序，但"3栋"是标记。

什么？

公寓3栋3层的第3家是我们家。

"3栋"为什么是标记呢？"1栋、2栋、3栋……"这样排列不就是次序吗！

那个只是在称呼时使用了次序的形式罢了！文明栋、和谐栋、进步栋……这样叫也可以的嘛。

呃，原来是这样！我无话可说！

哼哼！

你真的好聪明呢！对数的用途很了解，也知道数字是数的原材料。

没什么，很普通啦。

是谁创造了阿拉伯数字？

阿拉伯数字是谁创造的呢？

为了去参加全国的智力竞赛正在学习。

你在干吗？

但是"阿拉伯"是什么意思呢？

"阿拉伯"一般是指讲阿拉伯语的国家。

阿拉伯数字是谁创造的呢？

那么阿拉伯数字是阿拉伯人创造的吗？

不是，是印度人创造的。

印度？

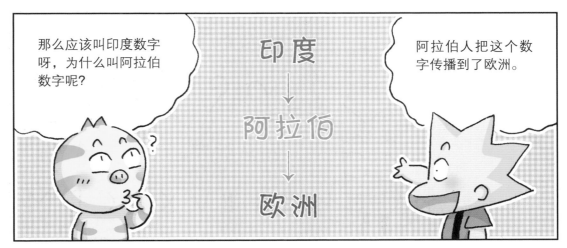

那么应该叫印度数字呀，为什么叫阿拉伯数字呢？

印度
↓
阿拉伯
↓
欧洲

阿拉伯人把这个数字传播到了欧洲。

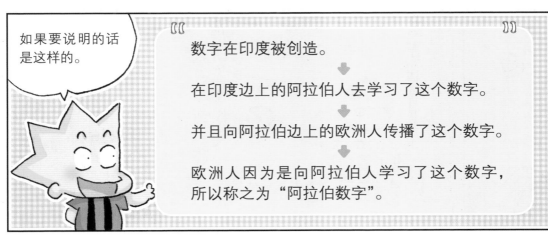

如果要说明的话是这样的。

数字在印度被创造。

⬇

在印度边上的阿拉伯人去学习了这个数字。

⬇

并且向阿拉伯边上的欧洲人传播了这个数字。

⬇

欧洲人因为是向阿拉伯人学习了这个数字，所以称之为"阿拉伯数字"。

哈哈，所以叫阿拉伯数字呀！

对的！

那么，在阿拉伯数字出现前，没有过数字吗？

在阿拉伯数字出现之前，也有过埃及数字和罗马数字。但是它们没有阿拉伯数字那么便利，所以很少使用，只有阿拉伯数字广为流传，一直流传到今日。

埃及数字

罗马数字

全国智力竞赛

肥猫加油！

智力竞赛从现在开始！

主持人

卖了几个面包？

哇，面包都做好啦！

做了 10 个

现在带出去卖吧！

那边有很多人呢！

那去那里卖就好啦！

那我去那边卖，你继续做面包。面包都卖完了我再回来拿。

不不，面包都卖完的话我带过去！你不就可以一直卖面包了吗？

怎样啊！

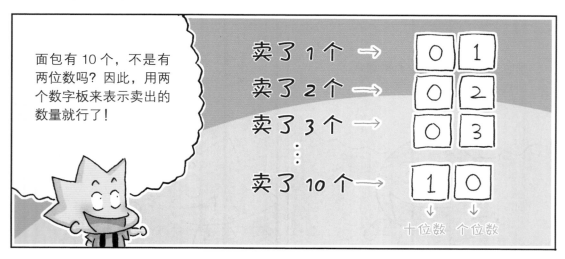

只要知道位数，这样多大的数都可以读出来！

哦！

4 7 9 6 3

万位数　千位数　百位数　十位数　个位数

四万七千九百六十三

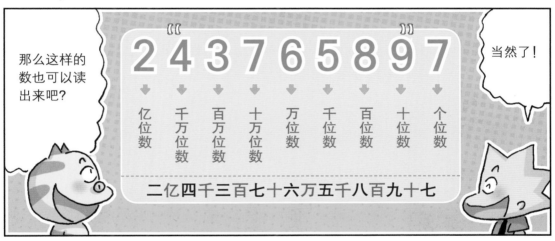

那么这样的数也可以读出来吧？

当然了！

2 4 3 7 6 5 8 9 7

亿位数　千万位数　百万位数　十万位数　万位数　千位数　百位数　十位数　个位数

二亿四千三百七十六万五千八百九十七

知道了。那么我会用数字板表示卖出的数量，你看到快卖完了就带面包来！

好！

嘿嘿，又做了 5 个面包！

它在哪呢，让我来看看卖了几个？

啊，已经卖了 5 个？

这个小子，为什么这么会卖东西？

要快点带 5 个过去！

一把一把

吭吭

哎呀！好重啊！

生意高手教的秘诀是什么？

生意太不好做了！

怎么办？这些面包什么时候才能全卖掉呢？

呼呼，生意好像不太好啊！

你是谁？

我呢，是做生意的高手！哈哈哈哈哈！

职业：销售

哦！

大师，请教我们一招！

好的。就教你们做生意的秘诀！

看，这里有 5 个数字卡片！只保留 4 张，保证千位的数字是 8，做出最大的四位数！

8 5 9 0 8

那个……我是想让您教做生意的秘诀。

哎呀，这个就是做生意的秘诀呀！别啰唆，快来做题！

不是数学……

嗯，先做做看吧！

因为千位的数字是 8，先把 8 放在这里。

8

神奇的数的世界

试着做出了最大的数，8 后面从最大的数字开始组合就行。

你去那边！

哈哈，对啦！做得不错！

但是这个为什么是秘诀呢？

就是说……

小家伙们！按顺序读一下数字！

按顺序？

八千九百八十五。

不等号标错了吗?

游乐园

找找其中错误的选项。

数中间的记号是什么?

A: 3576521 > 357652

B: 732751 > 732951

C: 9629 < 9931

D: 6285 < 6288

这个是不等号。不等号是有两个以上数或算式相互比较的时候,显示哪边更大的记号。

这样啊?

$1 < 2$

$4 > 3$

而且两边一样时，像这样使用等号。

$1+3=2+2$

哦，原来是这样！

那么从 A 开始观察一下。两个数的位数不一样时，位数更多的一方更大……

A 是对的。

$$3576521 > 357652$$

$\downarrow$ $\downarrow$

7 位数   6 位数

这次看看 B。两个数的位数一样时，从高位数按顺序比较，高位数的数字越大，数越大。比较百位数字大小。

哦，B 错了！

$$732751 > 732951$$

$7 < 9$

神奇的数的世界

C 是对的!

这次看看C。千位数字是一样的，比较百位数字的大小……

$$9629 < 9931$$

$$6 < 9$$

D 也是对的!

这次是D。千、百、十位的数字都一样时，比较个位数字大小就行了。

$$6285 < 6288$$

$$5 < 8$$

哈哈，对的! 厉害嘛!

没什么，一般一般!

哈哈

游乐园

百位数和十位数一样的数有多少？

潜入敌方的阵地带出情报吧！

啊……知道了！

执行任务中的情报员 →

走吧！

等……等一下！

咻

干吗？

太……太紧张了，所以身体一直在抖！

情报员做这点事就紧张吗？
喷喷！

那么做一道数学题吧！

为什么做数学题？

做数学题，可以缓解紧张感！

这……这样吗？

3402 和 3502 之间百位和十位一样的数一共有几个呢？

太……太难的问题了！

做难题才能缓解紧张呀！

首先用 3502 减去 3402 得 100 吧！

$$\begin{array}{r} 3502 \\ -3402 \\ \hline 100 \end{array}$$

神奇的数的世界

因此，3402 和 3502 间，从 3403 到 3501，有 99 个数！

3402, 3403, 3404,
3405, 3406, 3407,
～
3497, 3498, 3499,
3500, 3501, 3502

这 99 个数中，千位数字全是 3，但是百位数字有 4 和 5 两种！

百位上是 4 的数共有 97 个

3403~3499

百位上是 5 的数共有 2 个

3500, 3501

那么先来分析一下百位数字为 4 的情况。因为十位数也要一样，十位数也要是 4 吧？

那是的！

3440
～
3449

此时，个位可以是0、1、2、3、4、5、6、7、8、9十个数字！

3440, 3441, 3442, 3443, 3444, 3445, 3446, 3447, 3448, 3449

这次分析看看百位数字是5的情况！这样的情况时，十位数如果是5，可以成为比3502大的数吧？

3502 < 3550

哦，原来是这样！

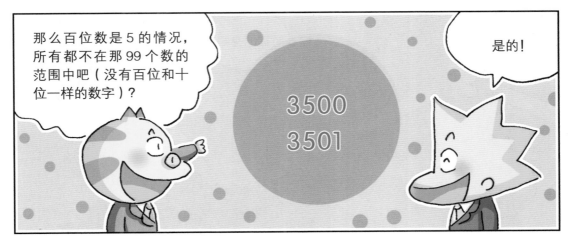

那么百位数是5的情况，所有都不在那99个数的范围中吧（没有百位和十位一样的数字）？

是的！

3500
3501

神奇的数的世界 **41**

那么 3402 和 3502 之间的数中,百位数字和十位数字相同的数只有 10 个!

哈哈,对的!

现在不紧张了吧?

嗯!

那么现在去看看吧!

好的!

唰唰唰

矫捷的身姿!

唰唰唰

唰唰唰

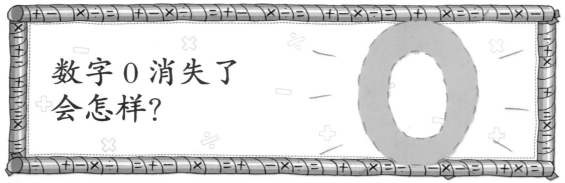

数字0消失了会怎样?

刮台风了!

这个时候不可以到外面去!

一起看下天气预报吧!

超强台风袭来!大家请小心!

看那儿,台风的最中间长得像"0"一样!

哈哈,真的呢!

台风虽然可怕，但还是要感谢 0 的存在呀！

感谢 0?

对，因为有 0，我们才能方便地使用数！

这样！

以前没有 0 的概念。所以如果为了写 505 这样的数，5 和 5 之间会空出两个位置，以表达 0 的意思。

$$5 \, 0 \, 5$$
↓
$$5 \quad 5$$

所以在这样的情况下，常常分不清是 55 还是 505。这样当人们买卖物品或借钱时，会非常不便，也容易导致纠纷。这样看来，我们真的应该感谢 0 的存在呀！

$$5 \quad 5$$

嗯，原来是这样。

那么如果 0 消失了，会怎么样呢？

一句话来说就是要出大问题了！

首先，一直以来简便的数学计算变得不可能了！

乱七

八槽

而且，银行存折上的钱会变成什么样呢？10 元或 1000 元或 100 000 000 元都只能变成一样的 1 元，会出现大混乱！
用数字 0 和 1 处理信息的计算机也将无法使用！那么，连接全世界众多计算机的因特网也无法使用！0 消失的瞬间，全世界会陷入大混乱！

哎呀，0 消失的话，真的会出大事啊！

颤抖

颤抖

台风离开了！现在可以安心出门了！

他说台风走了！

到外面去玩耍吧！

有比 0 更小的数吗？

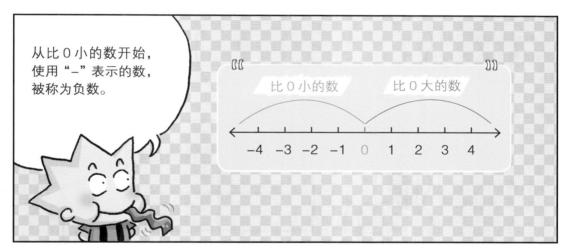

可以确定的是，对于负数的理解，东方比西方更早。东方最早的数学书是中国汉朝的《九章算术》，其中出现了关于负数的内容。

正数为红色，负数为灰色。卖了牛收到的钱为正数，为买牛花的钱为负数。它创造了用颜色来区分正数和负数的方法。

卖了 10 只鸭子，买了 10 只鸡，还剩多少？

不是没有钱剩下了吗？！

鸭的价格	鸡的价格
100	-100

7 世纪的时候，印度的数学家、天文学家婆罗摩笈多提出了负数的运算法则。仅晚于中国而早于世界其他各国。他认为，比 0 大的正数是拥有的价值，比 0 小的负数说明需要还的债。

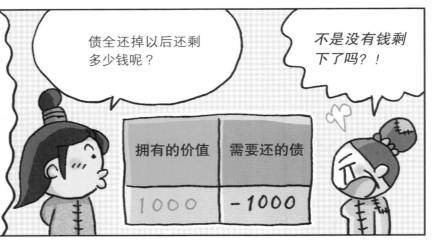

债全还掉以后还剩多少钱呢？

不是没有钱剩下了吗？！

拥有的价值	需要还的债
1000	-1000

之后，通过阿拉伯商人，负数传到了西方。听说最初法国的数学家帕斯卡不接受负数的存在。他主张除了什么都没有的 0 之外，不会再减少。其他数学家也认为负数是看不到的虚幻的数，在当地不被认可。之后，法国数学家迪斯卡特斯为了用负数表示垂线而接受了负数。

哦，迪斯卡特斯好棒！

竖大拇指

分数问题的答案是什么？

在干吗？

在学习！

学什么呢？

分数！

学什么分水？

哗

不是说分水，是这里的分数！

分数：体现整体与部分的数，由分子和分母组成。

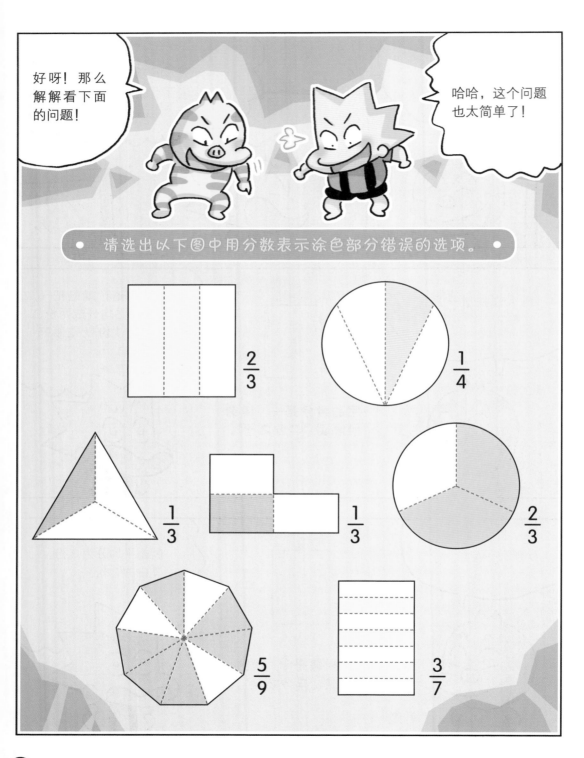

$\frac{1}{4}$ 要把整体分成一样的大小。

$\frac{5}{9}$ 一个整体分成9份，其中6份就是$\frac{6}{9}$。

正确答案是这个呀。你看!

什么?

说什么知道分数，你明明一点儿都不知道分寸!

哼! 你连分数都不知道，你才不懂分寸呢!

争论不休

分数：体现整体与部分关系的数，由分母和分子组成。

分寸：指说话或做事的适当标准或限度。

读者

什么嘛，这是学习语文的漫画吗?

古埃及人使用什么样的分数？

这是什么？

?

这是埃及分数！

古埃及人主要使用像 $\frac{1}{5}$、$\frac{1}{7}$、$\frac{1}{12}$ 这样的分数。由于分子常常是1，所以只写分母，用点或圆圈来表示分子。

这样的分数叫分数单位，也叫埃及分数。

啊哈，原来如此。

相反，古巴比伦人使用像 $\frac{1}{60}$、$\frac{32}{60}$ 这样分母统一的分数。这样做的原因是古巴比伦人数数，全部使用 60 进制。由于分母通常是 60，因此有时会出现不写分母，只标识分子的情况。

二进制：通过 0 和 1 两个数字计数的计数法，这样的计数方法主要在计算机领域应用。

十进制：从 0 到 9，使用十个数字计数的计数法，是我们主要使用的计数方法。

六十进制：以 60 为基数的计数方式。在 60 秒计一分钟、60 分钟计一小时的时间单位和刻度单位中使用。

这个也是埃及分数，为什么椭圆形是这样的呢？

这个表示 $\frac{2}{3}$。埃及人喜欢使用 $\frac{2}{3}$。所以用椭圆形创造的分数单位中只有 $\frac{2}{3}$ 是这样写的。

但是分数是什么时候出现的呢？

这个问题没有人知道。

但可以肯定的是，分数的使用有很久的历史。

当然，我们现在无法知道是谁最开始创造了分数。但是显然在原始时代狩猎后分食食物的时刻，是需要分数的。

分数是我创造的！

不知名字的原始人

别折腾！

分数是为了"比1小的数"而发明的。以前人们认为世界上所有的数字只分为1和比1大的数。在知道存在比1小的数之后，人们创造了分数。

一个苹果

半个

这个要比1小呢！

1

？

相对于诞生在400年前的小数，分数更早出现，因为人们分享共同财产，一起生活时，分享物品非常重要。

不分享的话，友爱关系无法保持。

我自己全部吃掉！

只有你一张嘴吗？

砰

带分数可以用假分数替换吗？

想要签名的话，不要在我面前开玩笑！

哥哥也在开玩笑，为什么我们不可以？

我和你们不一样嘛！

有什么不一样？

我是真分数，你们是假分数呀！这就是不同点！

哈哈哈

真分数？假分数？什么意思？

说明白些！

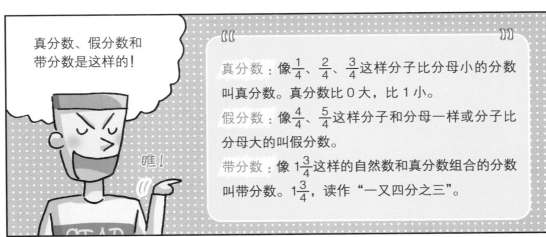

真分数、假分数和带分数是这样的！

瞧！

真分数：像 $\frac{1}{4}$、$\frac{2}{4}$、$\frac{3}{4}$ 这样分子比分母小的分数叫真分数。真分数比 0 大，比 1 小。

假分数：像 $\frac{4}{4}$、$\frac{5}{4}$ 这样分子和分母一样或分子比分母大的叫假分数。

带分数：像 $1\frac{3}{4}$ 这样的自然数和真分数组合的分数叫带分数。$1\frac{3}{4}$，读作"一又四分之三"。

$\frac{1}{8}$

我是八头身，所以是真分数！但你们是假分数！哈哈哈哈！

呃，无耻的外貌攻击呢……

脑袋比身体要大

那么，你知道带分数变成假分数的方法吗？

当然了！

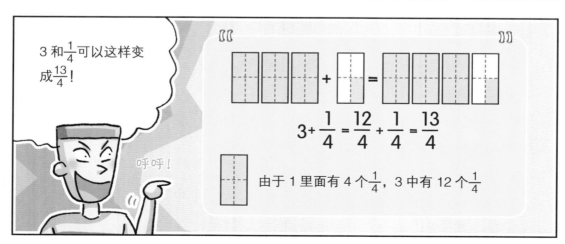

3和$\frac{1}{4}$可以这样变成$\frac{13}{4}$！

呼呼！

$$3+\frac{1}{4}=\frac{12}{4}+\frac{1}{4}=\frac{13}{4}$$

由于1里面有4个$\frac{1}{4}$，3中有12个$\frac{1}{4}$

谁是最大的分数?

我是队长!

不是,我是队长!

为什么这样?

$\dfrac{1}{2}$ $\dfrac{3}{5}$ $\dfrac{1}{4}$ $\dfrac{2}{6}$

争论不休

分数队长?

哦,你们来得正好!说说看我们中谁是最大的分数,谁最大,谁就是队长!

$\dfrac{3}{5}$ $\dfrac{1}{2}$ $\dfrac{2}{6}$ $\dfrac{1}{4}$

对。说说看!

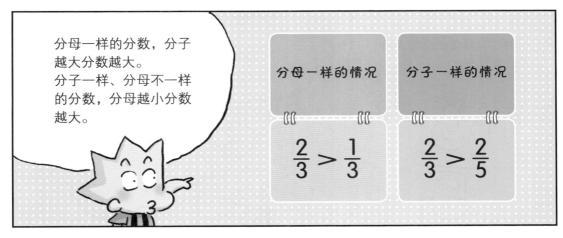

分母一样的分数，分子越大分数越大。
分子一样、分母不一样的分数，分母越小分数越大。

分母一样的情况	分子一样的情况
$\frac{2}{3} > \frac{1}{3}$	$\frac{2}{3} > \frac{2}{5}$

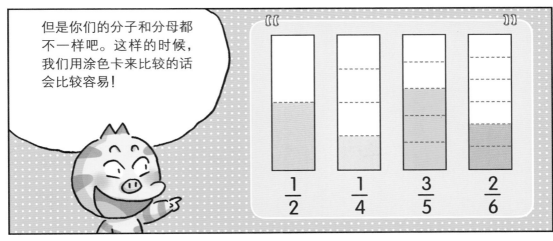

但是你们的分子和分母都不一样吧。这样的时候，我们用涂色卡来比较的话会比较容易！

$\frac{1}{2}$　$\frac{1}{4}$　$\frac{3}{5}$　$\frac{2}{6}$

所以涂色部分最多的 $\frac{3}{5}$ 是队长。

瞧瞧，我是队长！

唉！无话可说！

哈哈哈，我是带着最大数的分数队长！

说什么呢？

"我是数值最大的分数队长"这样说才对！

你说带着最大数的就是你。怎么说你又带着你呢？

什么意思？

完全听不懂！

好的，简单说明一下！宇宙初期有过X，那个X爆发后成为了宇宙。这个就是大爆炸理论，这个大家都知道吗？

那个……当然啦！（虽然不知道，先装作知道！）

那么，说宇宙 =X 的等式成立吧？这个和米饼 = 米粒的道理一样！炒制米粒后做出米饼吧！所以 X 材料炒制后变成了宇宙！

而且我是宇宙的一部分！

米粒

米饼

X

宇宙

我也出不了宇宙呀！我在宇宙中出现的呀！因此我是宇宙的一部分！宇宙和我是一体的！因此"我生活在宇宙里面"这话不错吧！我是宇宙，怎么在我里面我活着？不像话嘛！就是这个道理！所以"我是最大数的队长分数"这个话……

呀，别说了。都走了……

热烈辩论的宇宙

咻咻

说要简单说明，结果变得更复杂了！

难以分辨的小数
是怎样的数？

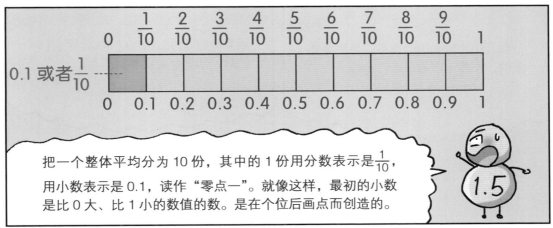

把一个整体平均分为 10 份，其中的 1 份用分数表示是 $\frac{1}{10}$，用小数表示是 0.1，读作"零点一"。就像这样，最初的小数是比 0 大、比 1 小的数值的数。是在个位后画点而创造的。

小数是中国人最早提出和使用的。早在公元 3 世纪，中国古代数学家刘徽就提出了整数个位以下无法标注名称的部分称为微数。到 13 世纪，元朝数学家朱世杰提出了"小数"这一名称，同时还出现了低一格表示小数的记法。

我是原始时代就诞生了，你才一千多年前？

哎呀，小可爱！

欧洲开始使用小数是在 16 世纪，荷兰数学家、工程师西蒙·斯蒂文提出了十进位的小数计数法，并很快在商业中得到普及。

嗯，原来是这样。继续说！

分数互相比较大小会很难，是需要通分的，不能一眼看出来。

$$\frac{76}{386} + \frac{469}{7368} = \text{?}$$

如果分母是 10、100、1000 等这样的数，计算会变得特别简单。

$$\frac{1}{10} + \frac{2}{10} + \frac{3}{10} = \text{简单}$$

第一个把小数表示成今日世界通用的形式的人是德国数学家蒙利·克拉维斯，他在 1593 年开始使用小数点作为整数部分与小数部分之间的分界符。

嗯……

棒，非常了解小数呢！很特别！

谢……谢谢！

那么再见啦！

好的。请慢走！

90 度鞠躬

0 是奇数还是偶数呢？

从这 8 张数字卡片中，拿出 3 张偶数卡片，创造一个最大的三位数。

那个简单！

偶数卡片一共有 4 张，从最大的数字开始排列后，去掉最后一张就行了！

去掉这个

正确！

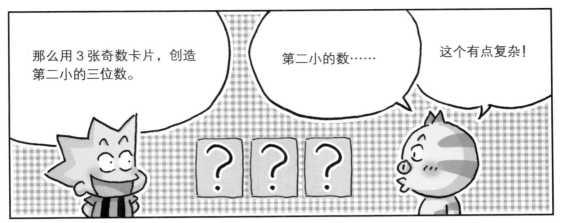

那么用3张奇数卡片，创造第二小的三位数。

第二小的数……

这个有点复杂！

首先奇数卡片一共有四张。从最小的数开始排列的话，去掉最后一张，就成为最小的数。

去掉这个

但是为了创造第二小的数，个位数字换成7就可以了！

哈哈，没错！

神奇的数的世界

0 是偶数，还是奇数？

这是个好问题。

2002 年国际数学协会规定零为偶数。不过也有人持不同看法。

嗯，我觉得 0 是偶数！

为什么？

它在奇数和奇数之间嘛。

那是什么意思？

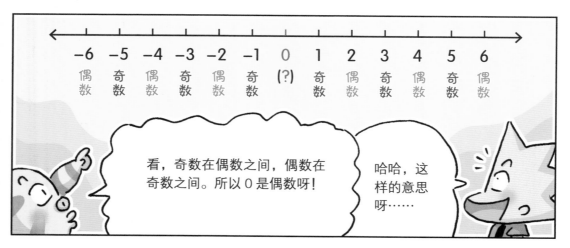

−6	−5	−4	−3	−2	−1	0	1	2	3	4	5	6
偶数	奇数	偶数	奇数	偶数	奇数	(?)	奇数	偶数	奇数	偶数	奇数	偶数

看，奇数在偶数之间，偶数在奇数之间。所以 0 是偶数呀！

哈哈，这样的意思呀……

但是0可能也是奇数。在数分为正数和负数的基准下，0这个数是单独的一个部分呀。一个是1，不是奇数吗？

这样啊……

0表示什么都没有，对于什么都没有的东西，一定要加上偶数、奇数的名称，这是让路过的小狗都会笑话的事儿！

哦，路过的狗真的在笑！

自言自语还笑？

呵呵呵！

真奇怪！

杂七杂八的交换法则和混合运算

数学的运算中，即使交换数的顺序，加法也能获得同样的结果。

那么做减法时，也可改变数的顺序来计算吗？加减乘除都有的复杂式子应该怎样计算呢？

★ 加法和减法的交换法则

> 战国时期楚国有个以养猕猴为生的人，楚国人称他为"狙公"。一天，狙公发现家中的粮食快被吃完了，便把猴子们聚集起来这样说道："以后每人每天早饭 3 颗栗子，晚饭给 4 颗栗子。"
>
> 感觉到栗子分配量减少，猴子们高跳着表示不满。于是狙公说道："这样吧，每人每天早饭给 4 颗，晚饭给 3 颗。"听了这话，猴子们都很满意。

这个故事与成语"朝三暮四"有关，比喻反复无常。这里要列出狙公约定栗子数量的式子的话，是 3+4=4+3=7，两者的和是一样的。同样，在加法中，交换数的顺序进行计算，结果是一样的。

在乘法中同样，即使交换数的顺序，计算结果也是一样的。如 5×4=4×5=20。

早上给 4 颗，晚上给 3 颗吧！

> **在减法和除法中，数的位置改变后，等式还成立吗？**
>
> 7-3=4 换顺序的话，3-7=-4（7-3 ≠ 3-7）
>
> 12÷6=2 换顺序的话，6÷12=0.5（12÷6 ≠ 6÷12）
>
> 像这样，由于减法和除法的交换法则不成立，所以需要按照顺序进行计算。

★一定要按照顺序计算才能出现正确答案的混合计算

刺头昨天买了 2 个面包，肥猫昨天和今天各买了 3 个面包。刺头和肥猫一共买了几个面包?

为上题列式子的话是 2+2×3。为了解出这个式子，需要从后面的 2×3 开始计算，再加上前面的 2。

$2+2×3=2+6=8（个）$

但是这个式子从前往后按顺序计算的话是 $2+2×3=4×3=12（个）$

如果改变计算顺序，肯定会出现错误的答案。像这样在有几个符号的混合运算中，有一定要遵守的顺序。

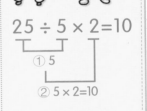

减法与加法当中交换律不成立，所以一定要按顺序计算哦。

★混合运算的顺序

1 加法和减法混合的式子中，从前往后，按照顺序计算。

$37-12+3=28$
① 25
② 25+3=28

2 乘法和除法混合的式子中，也是从前往后，按照顺序计算。

$25÷5×2=10$
① 5
② 5×2=10

3 加法、减法、乘法、除法混合的式子中，先计算乘法和除法。

$7+12×3-5=38$
① 36
② 7+36=43
③ 43-5=38

4 在有括号的式子中，一定要从括号里开始计算。

$3×(12÷3)+2=14$
① 4
② 3×4=12
③ 12+2=14

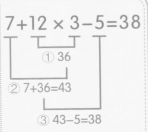

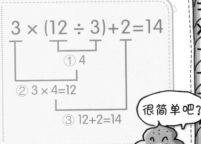

很简单吧?

有意思的
数学运算

肥猫说的两手是什么？

请问主人在吗？

谁呀？

我就是路过……

呵呵，原来是小野猫。

我现在很饿，如果有吃的请给我一些。

咕噜噜……

说到吃的，只有鱼……没关系吧？

哦，鱼当然好啦！

小鱼鱼，就吃两手（把），都会很饱呢！

吃鱼两手（把）？

不是这个手！

主人您连"捆绑数数"都不知道？

"捆绑数数"是什么？

把一定数量的东西算作一组，进行计算就是捆绑数数呀！当东西量大的时候，通过分组绑定来计算，一定会比逐一计算更加快捷方便！这样计算，确认的时候也会更加便利！

哦！

有意思的数学运算

几种分组计数的单位

2 条鱼：1 手（把）

手（把）：一只手能抓过来  的数量单位。比如黄鱼大小各一条称作一手，也比如海带、芹菜、大葱等一只手能抓起的量称为一手（把）。

30 只鸡蛋：1 板

板：数鸡蛋的单位。有凹槽的纸板或塑料盒里装 30 个鸡蛋，称为 1 板。

10 个山楂：1 串

串：计算用竹签穿成一串的物品的单位。10 个山楂穿一起是一串。

10 根甘蔗：1 捆

捆：计算捆绑在一起的物品的单位。10 根甘蔗称为 1 捆。

12 只袜子：1 打

打：一打的数量为 12。一打袜子是 12 只。

100 个水果或蔬菜：1 箱

箱：数水果或蔬菜等的单位。

哦，因为 1 手鱼是两条，你说的两手是说 4 条鱼吧？

对啦！

小土狗要跳几次才能到达便便旁边?

我是小土狗，幸福的小土狗!

蹦跳蹦跳

小土狗呀，去哪里呀?

嗯?

在去吃便便的路上呀。

呃!

脏死啦!

你说脏？这样鄙视别人的爱好吗？

知道了。对不起！

会尊重你的爱好。

那么便便在哪里呢？

那个需要计算才知道！

这样看起来都不像数学漫画了，看起来像独自计算的故事！

认真听好！

53m

34m

现在的位置

从我们家到便便的路程为 53 米！我每一跳是 2 米，跑了 34 米到达了现在的位置！

那么我要到达便便的位置，从这里需要再走多少米呢？

53-34=19（米）。

再走 19 米就可以啦。

好的，对的！便便在离这里 19 米的位置。

但是，我每一跳是 2 米，我要到达便便的位置，还需要跳几次呢？

那个试着计算跳步可以知道。

计算跳步：表示数出需要的步数。

34-36-38-40-42-44-46-48-50-52-54
每步跳2米的话，每步距离的个位增加2。

5377-5387-5397-5407-5417-5427-5437
每步跳10米的话，每步距离的十位增加1。

3200-3400-3600-3800-4000-4200
每步跳200米的话，每步距离的百位增加2。

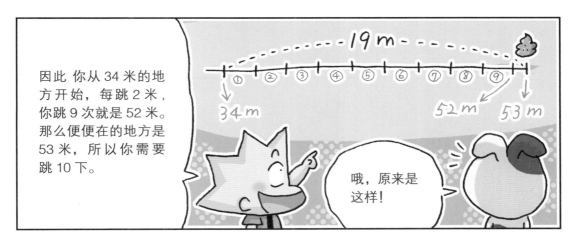

因此 你从 34 米的地方开始，每跳 2 米，你跳 9 次就是 52 米。那么便便在的地方是 53 米，所以你需要跳 10 下。

哦，原来是这样！

感谢告诉我！

谢什么？！

快去吃便便吧！

虽然不是骂人，但为什么听起来像骂人。

有点不安……

怎么了？

蹦蹦　跳跳

有意思的数学运算

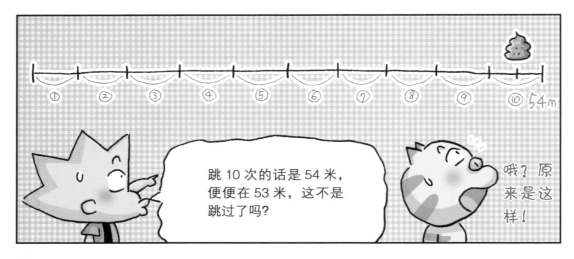

快速心算的方法
是什么？

9000
-9000
———
?

要教你快速心算的方法吗？

嗯！

单纯地想想就行！

单纯地想想？

比如，有图中这样的问题时。

534 - 396 = ?

当然了。

这样直接计算很难吧？

此时，想着 396 比 400 小 4 就行。

396 + 4
=400

那么减法就简单了吧?

$$\begin{array}{r} 534 \\ -400 \\ \hline 134 \end{array}$$

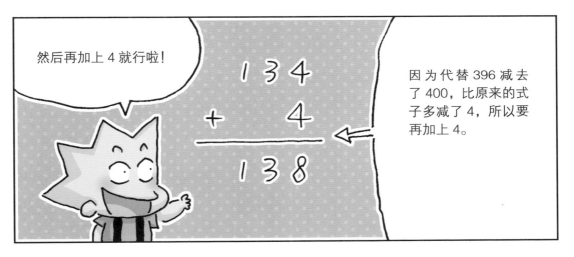

然后再加上 4 就行啦!

$$\begin{array}{r} 134 \\ + \quad 4 \\ \hline 138 \end{array}$$

因为代替 396 减去了 400，比原来的式子多减了 4，所以要再加上 4。

哦，真的简单!

对吧?

下面你再解解别的问题。

好的!

猫猫们共有
几只脚？

你来解答一下这个问题！

147 乘以 5……是 735……735 减 147 乘以 4 的话……

计算 计算

$$147 \times 5 = 147 \times 4 + \boxed{?}$$

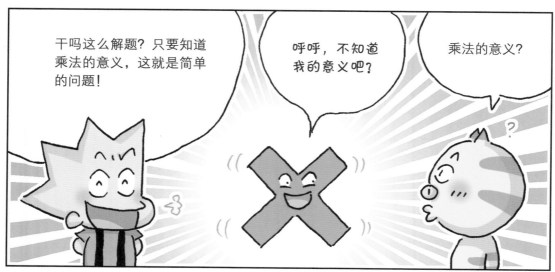

干吗这么解题？只要知道乘法的意义，这就是简单的问题！

呼呼，不知道我的意义吧？

乘法的意义？

147×5 是 147 的 5 次相加的结果。那么 147×4 就是相加 4 次。所以这里再加一次 147 就可以了。

计算一下 20×3。20×3 可以是 3 相加 20 次，也可以是 20 相加 3 次的结果！

那么 100×7 是 100 加了几次呢？

7 次！

啊哈，原来是这样呀！

好的，利用乘法的话，一样的数不需要相加多次就可以简单地计算。

一样的数字不需要相加多次，可以简单计算吗？

嗯。

我们猫猫班有 5 只猫。一共有多少只脚可以用乘法快速知道吗？

那是当然啦！答案是 20 只！简单吧！

4   4   4   4   4

$$4 \times 5 = 20（只）$$

假如没有乘法的话，计算 5 只猫有几只脚时，需要"4+4+4……"这样加 5 次！

答案好像错了……

什么？

看，答案是 10 呀！

猫用 4 只脚走路！

我也是用两只脚走路！

别把我拉进来！

$2 \times 5 = 10$

神秘的垫脚石桥中隐藏着什么规律?

看看这个！知道这个问题的答案是什么吗？

不知道这个标识是什么意思，怎么知道答案呢？

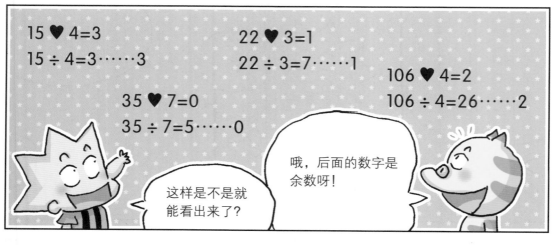

15 ♥ 4=3
15 ÷ 4=3……3

22 ♥ 3=1
22 ÷ 3=7……1

106 ♥ 4=2
106 ÷ 4=26……2

35 ♥ 7=0
35 ÷ 7=5……0

这样是不是就能看出来了?

哦,后面的数字是余数呀!

$$375 ÷ 6=62……3$$

除数　被除数　商　余数

那么"375 ♥ 6"的答案是3!

看,找到隐藏的规律,可以简单解出问题吧!

哈哈,有意思!再出道题看看!

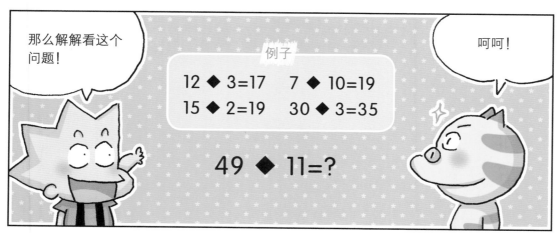

那么解解看这个问题!

呵呵!

例子

12 ◆ 3=17　　7 ◆ 10=19

15 ◆ 2=19　　30 ◆ 3=35

49 ◆ 11=?

12 ◆ 3=17   7 ◆ 10=19
15 ◆ 2=19   30 ◆ 3=35

12 ◆ 3=12+3+2=17
7 ◆ 10=7+10+2=19
15 ◆ 2=15+2+2=19
30 ◆ 3=30+3+2=35

A ◆ B 是 A+B+2！因此，49 ◆ 11 的答案是 49+11+2=62 呀！

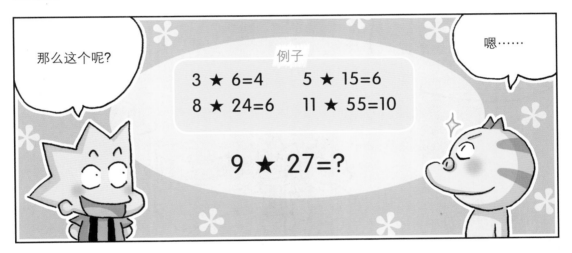

那么这个呢?

嗯……

例子

3 ★ 6=4   5 ★ 15=6
8 ★ 24=6   11 ★ 55=10

9 ★ 27=?

3 ★ 6=4   5 ★ 15=6
8 ★ 24=6   11 ★ 55=10

3 ★ 6=(6÷3)×2=2×2=4
5 ★ 15=(15÷5)×2=3×2=6
8 ★ 24=(24÷8)×2=3×2=6
11 ★ 55=(55÷11)×2=5×2=10

A ★ B 是（B÷A）×2！因此，"9 ★ 27"的答案是（27÷9）×2=3×2=6.

有意思的数学运算

乘法表中隐藏着什么惊人的规律？

×	1	2	3	4	5	6	7	8	9
1									
2									
3									
4									
5									
6									
7									
8									
9									

找出这张乘法表中隐藏的规律！

什么规律？

↓ 以对角线为基准，两边的数是对称的。

×	1	2	3	4	5	6	7	8	9
1	1	2	3	4	5	6	7	8	9
2	2	4	6	8	10	12	14	16	18
3	3	6	9	12	15	18	21	24	27
4	4	8	12	16	20	24	28	32	36
5	5	10	15	20	25	30	35	40	45
6	6	12	18	24	30	36	42	48	54
7	7	14	21	28	35	42	49	56	63
8	8	16	24	32	40	48	56	64	72
9	9	18	27	36	45	54	63	72	81

相同的积，发现乘数是相同的！

哈哈，对的！

有意思的数学运算

×	1	2	3	4	5	6	7	8	9	
1	1	2	3	4	5	6	7	8	9	→ 每次增加 1
2	2	4	6	8	10	12	14	16	18	→ 每次增加 2
3	3	6	9	12	15	18	21	24	27	→ 每次增加 3
4	4	8	12	16	20	24	28	32	36	→ 每次增加 4
5	5	10	15	20	25	30	35	40	45	→ 每次增加 5
6	6	12	18	24	30	36	42	48	54	→ 每次增加 6
7	7	14	21	28	35	42	49	56	63	→ 每次增加 7
8	8	16	24	32	40	48	56	64	72	→ 每次增加 8
9	9	18	27	36	45	54	63	72	81	→ 每次增加 9

↓ 每次增加 1 　 ↓ 每次增加 2 　 ↓ 每次增加 3 　 ↓ 每次增加 4 　 ↓ 每次增加 5 　 ↓ 每次增加 6 　 ↓ 每次增加 7 　 ↓ 每次增加 8 　 ↓ 每次增加 9

那么还有这样的规律呢！

哦，对的！

猴子学校的露营活动
需要几辆车？

应用题是什么？

用文字表述的数学问题叫应用题。

换句话说是这样的。

猴子学校有 76 只猴子，它们准备去露营。但是 17 只准备坐船去岛上，14 只准备走去游乐园。剩下的猴子准备坐汽车去山脚下，每 5 只坐一辆车。一共需要几辆汽车呢？

解题时，重要的是需要确认问题要求的答案是什么。这个问题中问的是需要几辆汽车，对吧？

啊，那么首先需要知道有几只猴子坐车吧？

没错。去夏日露营的 76 只猴子中，17 只坐船去岛上，14 只走去游乐园。剩下了 45 只猴子。

$$76 - (17 + 14)$$
$$= 76 - 31$$
$$= 45（只）$$

坐车去的猴子一共有 45 只。因为一辆只能坐 5 只，所以需要 9 辆汽车。

$$45 ÷ 5 = 9（辆）$$

哦！

有意思的数学运算

我也出个应用题吧？

好的。

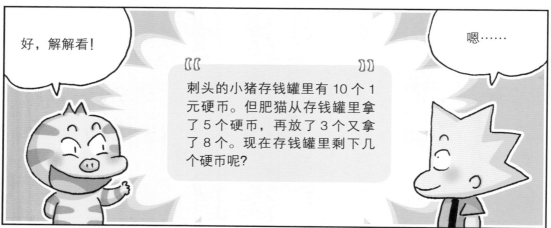

好，解解看！

嗯……

刺头的小猪存钱罐里有 10 个 1 元硬币。但肥猫从存钱罐里拿了 5 个硬币，再放了 3 个又拿了 8 个。现在存钱罐里剩下几个硬币呢？

10 − 5 = 5（个）

10 个硬币中去掉 5 个的话，剩下 5 个！

5 + 3 = 8（个）

再放了 3 个，剩下 8 个！

哪些数不能成为余数？

电视购物

嗯，我想有顶帽子！

你有钱买帽子吗？

别说钱！不是还你 10 个硬币了吗？

不不，买帽子的话，我的意思是需要钱的。

没有钱的话，难道不能戴帽子？

对的，知道了。你戴帽子吧，戴吧！

咦？这个帽子是从哪里来的呀？

你不是什么都知道的吗？

我好像明白了什么……

突然想起了关于剩下的问题！

剩下的问题是什么？

做除法时，求商以后剩下的数被称为余数。

这个我知道！

你真的知道？那么把右边这些数中可以成为"□÷23"的余数的数和不能成为余数的数全部找出来！

1、2、3、4、7、15、16、17、18、21、23、26、32、37

让我找，你以为我没办法找到吗？

除法中，余数一定会比被除数小！所以"□÷23"中剩下的数要比23小！

能成为余数的数

1、2、3、4、7、15、16、17、18、21

不能成为余数的数

23、26、32、37

首先说23，23÷23＝1，商是1，余数是0！还有，比23大的26、32、37也不能成为余数！

得意洋洋

嗯嗯，知道得很清楚呢！

但是，你知道我为什么问余数的问题吗？

这……

因为你之前拿了存钱罐中的硬币……

现在准备私吞存钱罐？

剩下的一半交出来！

小猪存钱罐的后半部分

嗵

刺头和肥猫买了
几个面包？

好的！问题出来了！刺头买了 3 个奶油面包！肥猫买了 5 个面包装在一起的礼盒，一共买了 7 个礼盒！那么刺头和肥猫一共买了几个面包呢？

喜欢面包

38 个！

56 个！

什么？答案为什么不一样？

38 个是对的！

56 个是对的！

你不是买了三个奶油面包吗？而且我买了 7 个 5 个一盒的面包礼盒！那不就是 $3+5\times7$！$3+5$ 是 8，8×7 是 56！我们一共买了 56 个面包！

首先做了加法

不是那样的！你不是买了 7 个 5 个一盒的面包礼盒吗？那就是 $5\times7=35$！加上我买的 3 个面包，不是 $35+3=38$ 吗！我们一共买了 38 个面包！

首先做了乘法

所以是 56！

所以是 38！

不要在怪物面前吵架！

争论

不休

有意思的数学运算

119

我来给你们整理一下!

瞧!

《《 混合运算的顺序 》》

包含了加法、减法、乘法、除法的式子中,要先从乘法、除法开始计算。

$$3 + 5 \times 7 = 3 + (5 \times 7)$$

这个式子中 5×7 是乘法,要优先计算(有括号的,先计算括号中的),3+(5×7)=38。但是从前面的加法开始计算的话(3+5)×7=56,是错误答案。在混合运算中,不按照顺序计算的话,同一个式子会得到不同的答案!

你答错了,我要吃了你!

啊……不行!放了我!

放了你?

嗯!

混合运算中，最先计算的是哪部分？

$$100 - [5 \times (3 + 5) + 2]$$

好的。那么再提一个问题！这个混合计算中，天塌下来也要先计算的是什么？

正确答案是从括号开始计算！

哦，你怎么知道的呢？

不是你说的吗？

哦，这样吗？

清醒一点！

在任何有括号的混合运算中，不管怎样都要先从括号里开始计算！

这我知道！

我也知道。

$$100 - [5 \times (3+5) + 2]$$
$$= 100 - [5 \times 8 + 2]$$

首先从小括号里的 3+5 开始计算！

$$100 - [40 + 2]$$
$$= 100 - 42$$

计算了小括号内的内容，再计算中括号里的。

如果括号里只有乘法和除法，则按顺序计算完成！

$$100 - [5 \times 8 + 2] = 100 - [40 + 2]$$
$$= 100 - 42 = 58$$

总结

1. 如果同一级运算，一般从左往右进行计算。
2. 既有乘除又有加减，先算乘除再算加减。
3. 如有括号，先算括号里的，依次按从小括号、中括号到大括号的顺序计算。

哦，做得不错嘛！

是你教得好。

怎么气氛突然这么温馨？

喂，快下来！

下来？

什么声音呀？

哪个分数更大？

你知道通分吗？

当然知道了！

哎呀，悲痛悲愤！

这样的就是痛愤！

你是说悲痛？！

哎呀，悲痛欲绝！

不是……是数学中出现的通分！

那个通分啊？早说嘛……

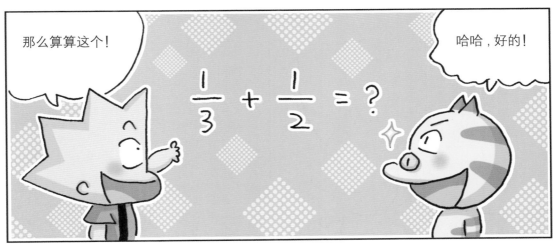

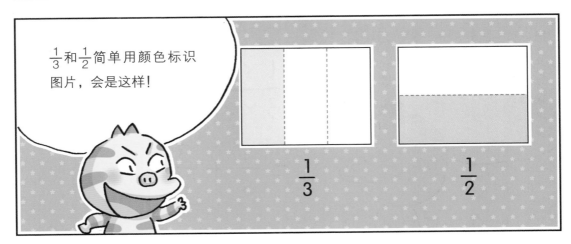

但是 $\frac{1}{3}$ 加上 $\frac{1}{2}$，整体为 6 等份，会有一块重合！

移动重合的一部分，涂色部分为 6 块中的 5 块，变成 $\frac{5}{6}$！

把 $\frac{1}{3}$ 和 $\frac{1}{2}$ 通分，分母 3 和 2 需要分别乘以 2 和 3 变成一样的 6。此时分子也要乘以一样的数，分数的大小才不会变化！

$$\frac{1 \times 2}{3 \times 2} + \frac{1 \times 3}{2 \times 3}$$

$$= \frac{2}{6} + \frac{3}{6} = \frac{5}{6}$$

狮子刚才抓到的午餐

假分数可以变成带分数吗?

你可以把假分数 $\frac{7}{5}$ 变成带分数吗?

当然啦,首先带分数是自然数和真分数之和!

假分数 $\frac{7}{5}$ 是 $\frac{5}{5} + \frac{2}{5}$。而 $\frac{5}{5}$ 呢,是自然数 1,$\frac{5}{5} + \frac{2}{5} = 1 + \frac{2}{5}$。

解释

所以假分数 $\frac{7}{5}$ 是 $\frac{5}{5} + \frac{2}{5}$。带分数为 $1\frac{2}{5}$。

解释

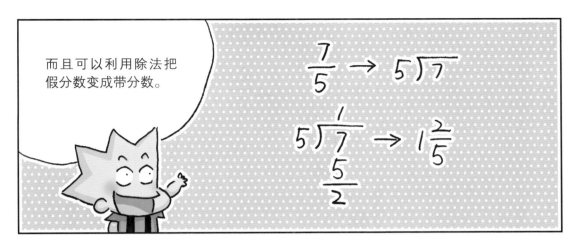

而且可以利用除法把假分数变成带分数。

那么带分数 $2\frac{2}{3}$ 可以变成假分数吗？

那个也没有问题！自然数变成分数之后，再加真分数部分即可。

带分数 $2\frac{2}{3}$ 分成自然数和真分数的话是 $2+\frac{2}{3}$。

自然数 2，变成分母为 3 的分数的话，是 $\frac{6}{3}$。带分数 $2\frac{2}{3}$ 是 $\frac{6}{3}+\frac{2}{3}$，等于假分数 $\frac{8}{3}$。

解释

解释

也有自然数和分母的积加上分子变成假分数的方法。分母不变，分母乘以自然数后加上分子，写在分子的位置上就可以了。

$$2\frac{2}{3} = \frac{3 \times 2 + 2}{3}$$

$$= \frac{8}{3}$$

那么带分数为什么叫带分数呢？

就是整数带上一个分数，所以被称为带分数。

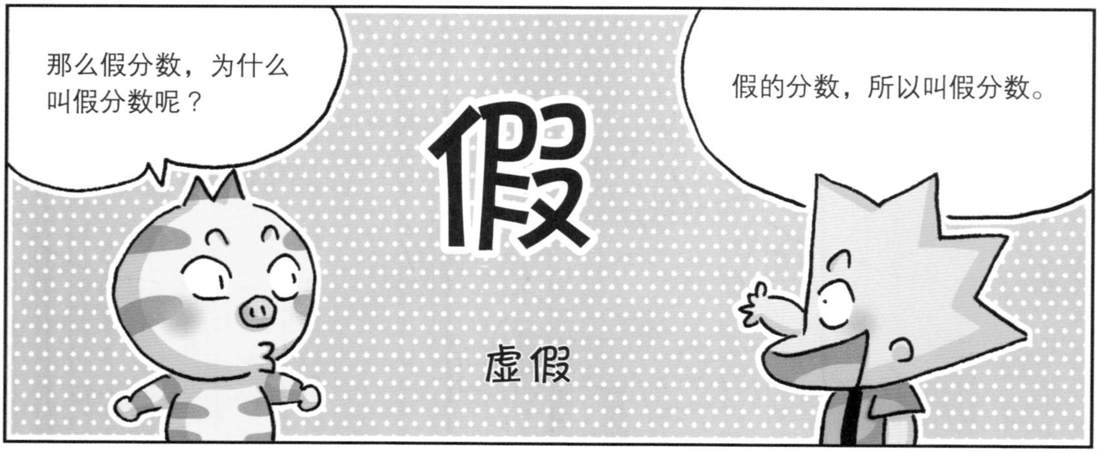

带

带着

那么假分数，为什么叫假分数呢？

假的分数，所以叫假分数。

假

虚假

原来分数指的是分子比分母要小的真分数。因为假分数的分子和分母一样大或比分母要大，所以被称为假的分数，即假分数。

$\frac{1}{2}$ ↑ $\frac{2}{2}$ ↖ $\frac{3}{2}$ ↑

真的分数 （真分数）　假的分数 （假分数）

啊哈，真分数指的是真的分数呀？

对的！

科学家

不只是假分数是假的。事实上一切事物都是假的！

什么一切都是假的？

什么意思呀？

这个世界上所有东西都是由原子构成的，原子通过不同组合，可以变成人，可以变成野兽，也可以变成植物。因此，所有东西的模样只是一时的假像。现在这个地方只有原子是真实存在的。

假的太阳

假的大地

假的生命体

如果把原子想成泥巴的话，那么所有的事物不过是用泥巴做成的样子。泥土可以做成很多东西，但本质都只是泥土而已。

泥土只是物质，只是物质的泥土能造就人吗？

人工智能机器人虽然是使用物质制造的，但也会思考啊！

啊，原来是这样！

约数和倍数的神奇秘密

　　一个数能够整除另一个数，这个数就是另一个数的约数。倍数指的是 1 倍、2 倍、3 倍……指的是一个数是某个数的几倍。怎么求约数和倍数呢？

★ 求约数的两种方法

方法 1 除法之后看是否还有余数。
　　如果求 12 的约数，从 1 到 12，除 12 次。
　　12 可以除尽的数就是 12 的约数。

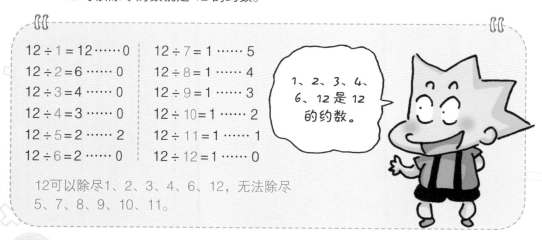

$12 \div 1 = 12 \cdots\cdots 0$	$12 \div 7 = 1 \cdots\cdots 5$
$12 \div 2 = 6 \cdots\cdots 0$	$12 \div 8 = 1 \cdots\cdots 4$
$12 \div 3 = 4 \cdots\cdots 0$	$12 \div 9 = 1 \cdots\cdots 3$
$12 \div 4 = 3 \cdots\cdots 0$	$12 \div 10 = 1 \cdots\cdots 2$
$12 \div 5 = 2 \cdots\cdots 2$	$12 \div 11 = 1 \cdots\cdots 1$
$12 \div 6 = 2 \cdots\cdots 0$	$12 \div 12 = 1 \cdots\cdots 0$

> 1、2、3、4、6、12 是 12 的约数。

　　12可以除尽1、2、3、4、6、12，无法除尽 5、7、8、9、10、11。

方法 2 从两个数的积来算约数。

$1 \times 12 = 12$	$1 \times 18 = 18$
$2 \times 6 = 12$	$2 \times 9 = 18$
$3 \times 4 = 12$	$3 \times 6 = 18$

> 1、2、3、4、6、12 是 12 的约数，1、2、3、6、9、18 是 18 的约数。

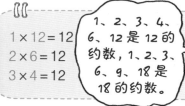

> 1 可以被所有的数除尽，所以它是所有数的约数。0 不是所有数的约数。

　　两个数共同的约数叫公约数。因此，1、2、3、6 是 12 和 18 的公约数。

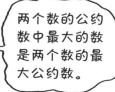

> 两个数的公约数中最大的数是两个数的最大公约数。

　　12 和 18 的公约数是 1、2、3、6。

　　最大公约数是 6。

★ 求倍数的方法

要求 3 的倍数的话,用 3 乘以 1、2、3、4……就可以了。

3 × 1000000

3的1倍: $3 \times 1 = 3$　　3的5倍: $3 \times 5 = 15$

3的2倍: $3 \times 2 = 6$　　3的6倍: $3 \times 6 = 18$

3的3倍: $3 \times 3 = 9$　　3的7倍: $3 \times 7 = 21$

3的4倍: $3 \times 4 = 12$　　3的8倍: $3 \times 8 = 24$

3 的倍数是 3、6、9、12、15、18、21、24……

会有很大的 3 的倍数了!

4 的倍数: 4、8、12、16、20、24、28、32、36、40、44、48……

6 的倍数: 6、12、18、24、30、36、42、48、54……

无法求到公倍数中最大的公倍数。因为倍数无穷无尽,公倍数也是无穷无尽。

两个数的公倍数中最小的数是两个数的最小的公倍数。

两个数的共同倍数被称为两个数的公倍数。4 和 6 的公倍数是 12、24、36、48……4 和 6 的最小公倍数是公倍数中最小的 12。

约数和倍数是怎样的关系呢?

12 的约数　　　　12 的约数　　　　12 的约数

$12 = 1 \times 12$　　$12 = 2 \times 6$　　$12 = 3 \times 4$

1 和 12 的倍数　　2 和 6 的倍数　　3 和 4 的倍数

以上式子是两个数的积,可以说明约数和倍数的关系。通过这些式子,我们可以知道 12 的约数是 1、2、3、4、6、12,12 是 1、2、3、4、6、12 的倍数。

神奇吧?

惊奇的
数学运算

可以用手计算
乘法吗？

肥猫老弟，
那是什么？

啊，刺头大哥，
您来啦！

为了种下燕子衔来的种子，
种了这棵手树。

哦，真是神奇的
树木！

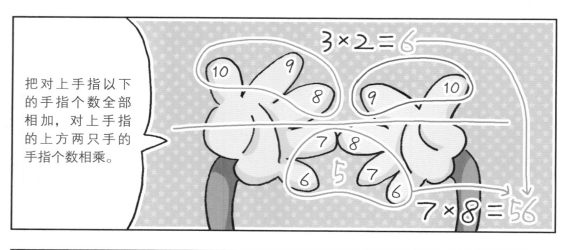

把对上手指以下的手指个数全部相加，对上手指的上方两只手的手指个数相乘。

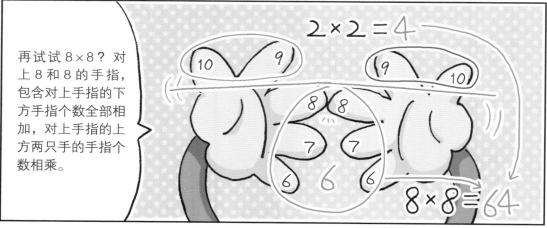

再试试8×8？对上8和8的手指，包含对上手指的下方手指个数全部相加，对上手指的上方两只手的手指个数相乘。

哇，神奇呢！燕子呀，请也给我衔个种子来！

知道了！

怎么用手指计算器计算乘法?

我还可以计算 9 的乘法!

是吗? 我来试试!

两只手标上 1 到 10 之后,标着乘数的手指弯下,就能出现答案!

给不给我手树的种子？

给……给你！

一定要这样才给吗？

种了燕子给的种子，冒出了小苗！

哦，一直在长大。

沙 沙

用格子纹计算的神奇乘法是怎样的？

用我教的格子纹来解乘法题就行!

啊, 对!

《格子乘法:》

12 世纪时由印度数学家发明, 后经阿拉伯人传入欧洲。意大利的数学家卢卡·帕乔利整理了一些数学知识和印度几种神奇的计算方法, 编著了《数学大全》, 其中一个便是格子乘法。

首先画一个矩形, 把它分成 2×2 个小格。

把相乘的两个数分别写在矩形的上边和右边, 十位和个位分别对应一个格子。例如 4×5=20, 就在小格子的左上角写 2, 右下角写 0。

3×5=15，在小格子内的对角线上方写1，下方写5。

4×2=8，在小格子内的对角线上方写0，下方写8（两个数的积是个位数的话，对角线上方写0，下方写数字就行）。

因为3×2=6，所以对角线的上方写0，下方写6。

最后，将对角线内的数相加后写在下方。从上往下按顺序读的话，是1768，所以34×52=1768。

算出来了！

为什么花了这么长时间？其他参赛选手都已经解答出来了！

用格子乘法解题，花了更多的时间！

你，出局！

没说限制时间啊！

怎样拿棒子当计算器使用？

卖宠物蛇哟！

啊，是蛇呀！

好恶心啊！

买只蛇养养吧，给你便宜点！

我已经在养猫了……

你说谁养谁？

但是这个棒子是什么？

咦？

上面写着数字呢！

这是纳皮尔棒。苏格兰的数学家纳皮尔制作的乘法计算工具。16~17世纪是欧洲的数学大发展的时期。

对于一般人来说，乘法运算还是很难的，为了方便，纳皮尔用小棒做成简易的计算器使用。

纳皮尔棒是用普通木棍、厚纸或动物骨头等材料做成的一根根小棒。每根小棒代表1到9一个数，从上到下记录着这个数与1到9这9个数字的乘积。

1	0	1	2	3	4	5	6	7	8	9
2	0/0	0/2	0/4	0/6	0/8	1/0	1/2	1/4	1/6	1/8
3	0/0	0/3	0/6	0/9	1/2	1/5	1/8	2/1	2/4	2/7
4	0/0	0/4	0/8	1/2	1/6	2/0	2/4	2/8	3/2	3/6
5	0/0	0/5	1/0	1/5	2/0	2/5	3/0	3/5	4/0	4/5
6	0/0	0/6	1/2	1/8	2/4	3/0	3/6	4/2	4/8	5/4
7	0/0	0/7	1/4	2/1	2/8	3/5	4/2	4/9	5/6	6/3
8	0/0	0/8	1/6	2/4	3/2	4/0	4/8	5/6	6/4	7/2
9	0/0	0/9	1/8	2/7	3/6	4/5	5/4	6/3	7/2	8/1

每个格子里都画了对角线。格子最上面的数的倍数写在下面的格子里。去掉对角线，就是我们知道的九九乘法表。

$$7 \times 1 = 7$$
$$7 \times 2 = 1/4$$
$$7 \times 3 = 2/1$$
$$7 \times 4 = 2/8$$
$$7 \times 5 = 3/5$$
$$7 \times 6 = 4/2$$
$$7 \times 7 = 4/9$$
$$7 \times 8 = 5/6$$
$$7 \times 9 = 6/3$$

举个例子，计算 3×6 时，把这两个棒子放在一起就好。

$$3 \times 6 = 18$$

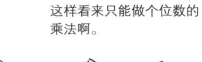

这样看来只能做个位数的乘法啊。

对啊，实用性不太强啊！

哈哈，不是这样的。要计算 34×6 的话，就像这样 3 个棒子放在一起，那么答案是什么呢？

$$34 \times 6 = ?$$

答案……

是……1824？

34×6 的意思是 34 相加 6 次，难道会出来千位数吗？答案是百位数。

所以答案是什么呢？

等等，在我看来，这对角线中好像藏着某种原理……

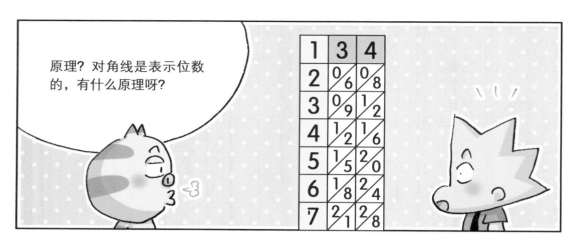

原理？对角线是表示位数的，有什么原理呀？

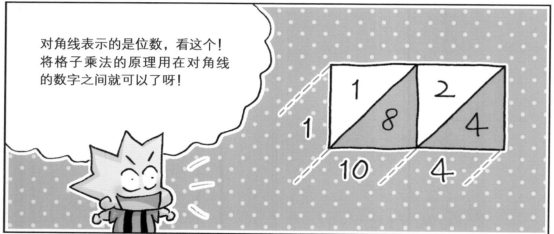

对角线表示的是位数，看这个！
将格子乘法的原理用在对角线的数字之间就可以了呀！

此时，一个对角线中的和如果超过10，可以升位，向前进1就可以了！
然后从左往右，按顺序读。

所以答案是 204！

哦，原来是这样！

204？

对的，思考得不错！这条白蛇多有灵气！给你们便宜点儿！

我已经在养猫了！

说什么呢？

靠线条可以计算乘法吗？

画画。

你在干什么呢？

没看到我在练习画画吗？

为什么练习画画呢？

我也准备画一幅享誉世界的名画！

嘿嘿

那不用练习也可以做到！

为什么？

因为有画线乘法！

那是什么？

画线乘法指的是只交叉画线，就可以做乘法的神奇计算方法！

用画线乘法计算25×13。首先是画出表示25的线。十位的2和个位的5分开画，此时要画25度的线。

这次要画13的线了。十位的1和个位的3与2、5的线垂直交叉，画成这样的菱形。

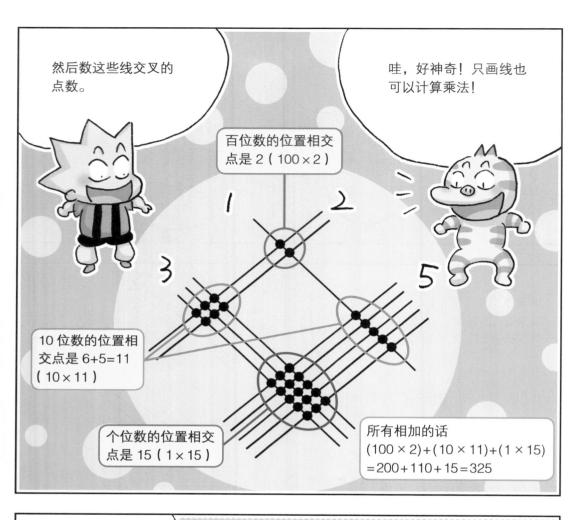

然后数这些线交叉的点数。

哇，好神奇！只画线也可以计算乘法！

百位数的位置相交点是 2（100×2）

10 位数的位置相交点是 6+5=11（10×11）

个位数的位置相交点是 15（1×15）

所有相加的话
(100×2)+(10×11)+(1×15)
=200+110+15=325

画线乘法是活用自然数的乘法原理的方法。自然数的乘法可以变成加法。比如 2×3 就是 2 相加 3 次吧？在画线上交叉点的个数指的是连续相加的值。

2×3＝6

但是，本来说画画的，怎么突然变成了画线乘法？

只画线也可以成为画呢！

只画线？

看这个！只画线也可以成为世界性的名画嘛！

哦，那我也只画线吧！

画家蒙德里安创作于1915 年的画

哗哗

保洁

呀，别扔垃圾！

但是没有可以用来实现杠杆原理的道具！

空空如也

常见的小石子一个都没有看到！

不行了！利用印度数学吧！

印度数学指的是什么？

印度人用一种计算图形面积的方法来计算乘法！

用图形计算乘法？

举个例子,这样的问题,你会怎么解题呢?

问题

分糖果,给 19 个孩子每个人 19 颗糖果。总共需要多少颗糖果?

$19 \times 19 = 361$

嗯,用乘法计算就行了……

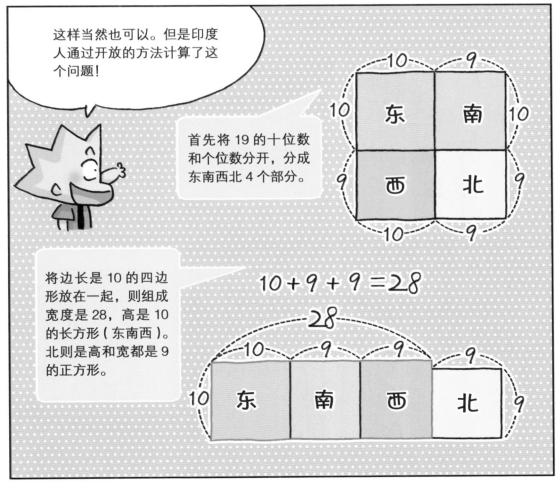

这样当然也可以。但是印度人通过开放的方法计算了这个问题!

首先将 19 的十位数和个位数分开,分成东南西北 4 个部分。

将边长是 10 的四边形放在一起,则组成宽度是 28,高是 10 的长方形(东南西)。北则是高和宽都是 9 的正方形。

$10 + 9 + 9 = 28$

就像分割图形一样，我们把金块分成好多块再一块一块移动就行啦！

哦，还有这样的方法呢！

但是怎么切呢？

空空的草坪

快想想办法吧！

如果视黄金如粪土，就没有烦恼了！

闪电般快速计算的秘诀是什么？

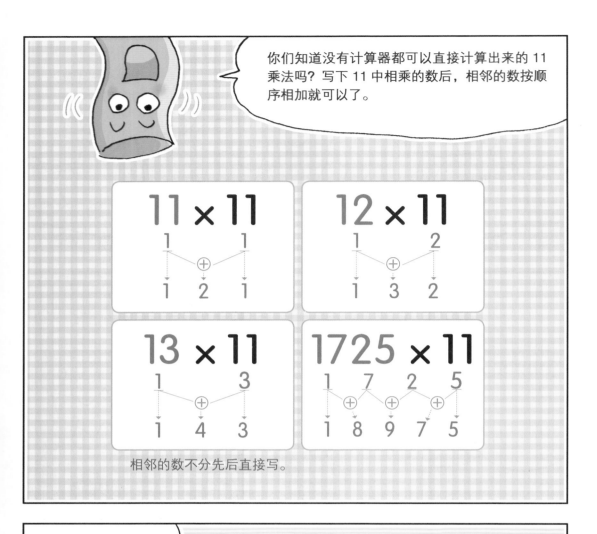

你们知道没有计算器都可以直接计算出来的 11 乘法吗？写下 11 中相乘的数后，相邻的数按顺序相加就可以了。

相邻的数不分先后直接写。

但相加后数字大于 10 就要进位了，有进位时需要从后往前计算。

古埃及人独特的乘法是怎样的？

但那个人偶真的很像活着的，不是吗？

不知为什么，我也那样觉得！

再去看看！

好的！

又……又说话了！

也没有广播！

既然来了，再告诉你们一个神奇的东西。

好……好可怕！

要不……我们回家吧。

以前埃及人在做乘法时，使用一种2倍化的独特方法。

但……太可怕了，脚动不了了！

我……也是！

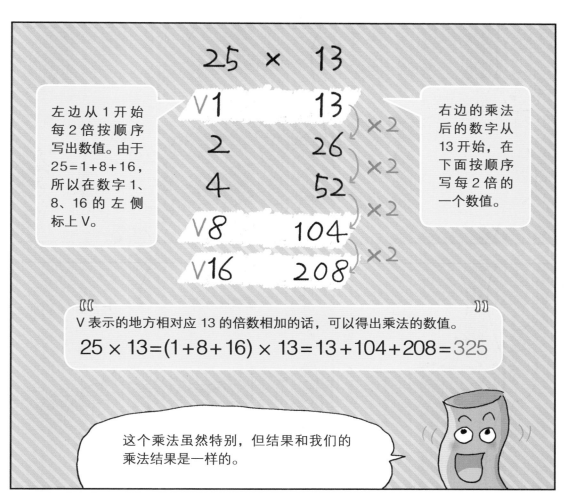

25 × 13

左边从 1 开始每 2 倍按顺序写出数值。由于 25=1+8+16，所以在数字 1、8、16 的左侧标上 V。

右边的乘法后的数字从 13 开始，在下面按顺序写每 2 倍的一个数值。

V1	13	×2
2	26	×2
4	52	×2
V8	104	×2
V16	208	

V 表示的地方相对应 13 的倍数相加的话，可以得出乘法的数值。

$$25 \times 13=(1+8+16) \times 13=13+104+208=325$$

这个乘法虽然特别，但结果和我们的乘法结果是一样的。

怎么样? 数学的世界真的很神奇吧!

我们……觉得你更加神奇!

对……对!

分数的变身：通分和约分

对分母不同的分数进行计算或比较大小时，通过通分将分母变成一样的数会让解题更简便。在简化分数时，分母和分子除以公约数，这是约分。

★ $\frac{1}{2}$ 和 $\frac{2}{3}$ 通分

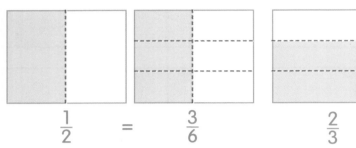

$$\frac{1}{2} = \frac{3}{6} \qquad\qquad \frac{2}{3} = \frac{4}{6}$$

▶ 全体分成 2 等份再分成 3 等份，全体 6 等份。　　▶ 全体分成 3 份再分成 2 等份，全体 6 等份。

把不同分母的分数分别化成和原来分数相等的同分母的分数，这个过程就是通分。

★ 通分的三种方法

方法 1　制作大小一样的分数，要找两个分母一样的分数。

$$\frac{1}{2} = \frac{2}{4} = \frac{3}{6} = \frac{4}{8} = \frac{5}{10} = \frac{6}{12} = \frac{7}{14} = \frac{8}{16} = \frac{9}{18} \cdots\cdots$$

$$\frac{2}{3} = \frac{4}{6} = \frac{6}{9} = \frac{8}{12} = \frac{10}{15} = \frac{12}{18} = \frac{14}{21} = \frac{16}{24} \cdots\cdots$$

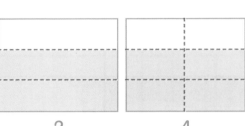

按倍数增加的话，出现分母相同的情况了。

将 $\frac{1}{2}$ 和 $\frac{2}{3}$ 通分：

$(\ \frac{3}{6}\ ,\ \frac{4}{6}\ )$, $(\ \frac{6}{12}\ ,\ \frac{8}{12}\ )$, $(\ \frac{9}{18}\ ,\ \frac{12}{18}\ )$, $\cdots\cdots$

相同分母放在一起就行了！

方法 2　两个分母的积作为共同的分母来通分。

$$\left(\frac{1}{2},\frac{2}{3}\right)\rightarrow 分母的积：2\times 3=6$$

通分的分母被称为公分母。所以两个分数分母的积 6 是共同分母。

▶一边的分母和分子乘以另一边分数的分母。

$$\frac{1\times 3}{2\times 3}=\frac{3}{6}\qquad \frac{2\times 2}{3\times 2}=\frac{4}{6}$$

$$\rightarrow\left(\frac{1}{2},\frac{2}{3}\right)=\left(\frac{3}{6},\frac{4}{6}\right)$$

哦！

　　分母和分子乘以不是 0 的相同数，分数的大小不变，即使通分，分数的大小也不会变。

方法 3　两个分母的最小公倍数可作为公分母。将 $\frac{4}{12}$ 和 $\frac{5}{20}$ 通分。

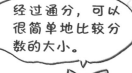

经过通分，可以很简单地比较分数的大小。

$$\begin{array}{r}2\,)\overline{12\quad 20}\\ 2\,)\overline{\ 6\quad 10}\\ \overline{\ 3\quad 5}\end{array}$$

▶求 12 和 20 的最小公倍数。
$2\times 2\times 3\times 5=60$，最小公倍数是 60。

▶最小公倍数 60 作为公分母，为了让分数的大小相同，分子分母要乘以相同的数。

$$\frac{4\times 5}{12\times 5}=\frac{20}{60}\qquad \frac{5\times 3}{20\times 3}=\frac{15}{60}$$

$$\left(\frac{4}{12},\frac{5}{20}\right)=\left(\frac{20}{60},\frac{15}{60}\right)$$

★ 轻松变身的约分

　　$\frac{2}{6}$ 的分母 6 和分子 2 除以公约数 2。

$$\frac{2}{6}=\frac{2\div 2}{6\div 2}=\frac{1}{3}$$

　　分母和分子除以它们的公约数，化成最简分数的过程被称为约分。

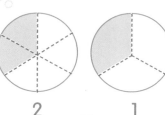

$$\frac{2}{6}\ =\ \frac{1}{3}$$

分数的分母和分子除以不是 0 的相同数，分数的大小不变！

为什么球的切面
总是圆形

有没有无限反复的图
形？怎么做到无缝拼接？怎
么求圆形的表面积？大家是
不是也想知道这些问题的答
案？《儿童百问百答 50 荒唐
数学图形》为你一一解答。